手工慢调 达人手作课堂

印迹

古风橡皮章雕刻技法

赵晨曦◎著

机械工业出版社
CHINA MACHINE PRESS

橡皮砖的出现，使得原本依托木料、玉石、兽骨等坚硬材料的篆刻艺术有了新的更易处理的载体。用简单的工具、易操作的技法、轻轻的力道雕刻出完美的橡皮章，再用它来装点生活，这样轻快美好的时光，想想就很惬意。

本书主要针对喜欢橡皮章和没有雕刻基础的读者朋友，先以照片图、线条图相互辅助，讲解橡皮章的雕刻技法，再用 30 个作品让你小试牛刀（包含方便拓印的线稿和图钉妙用、肌理效果、"搓衣板"背景等实用技巧），然后通过花式留白、阴阳混刻连续图案、套色篆刻、火漆蜡封、浮粉法 5 个作品，助你刻出更精美的橡皮章。除此之外，本书中还有一些作者平日里刻章时积累的小经验分享给大家，希望能对想玩橡皮章的你有所帮助。

图书在版编目（CIP）数据

印迹：古风橡皮章雕刻技法 / 赵晨曦著. — 北京：
机械工业出版社，2019.1
（手工慢调：达人手作课堂）
ISBN 978-7-111-61594-1

Ⅰ. ①印… Ⅱ. ①赵… Ⅲ. ①印章–手工艺品–制作
Ⅳ. ①TS951.3

中国版本图书馆CIP数据核字（2018）第294506号

机械工业出版社（北京市百万庄大街22号　邮政编码100037）
策划编辑：于翠翠　　责任编辑：于翠翠　马　晋
责任校对：梁　静　　责任印制：李　昂
北京瑞禾彩色印刷有限公司印刷

2019年3月第1版第1次印刷
148mm×210mm·4.5印张·2插页·97千字
标准书号：ISBN 978-7-111-61594-1
定价：39.80元

前言

亲爱的读者朋友，我是晨曦，在这里和你一起来聊聊橡皮章！

橡皮章，是使用雕刻刀具，采用阴刻法或阳刻法，在橡皮砖上雕刻图案而做成的简易印章。其实它与我国的传统篆刻艺术有异曲同工之妙，只不过把玉石和木料等换成橡皮砖，在橡皮砖上行刀罢了。橡皮章雕刻是一门让人快乐的手工技艺，相对于篆刻，橡皮章雕刻更自由随性，没有严格的框架束缚，心里想怎么表达就怎么雕刻。

在这个高速运转的科技世界中，我们能在繁忙的生活中找到属于自己的一份宁静，也是一件美事。凡尘俗世，纷纷扰扰，若想走得比别人更远，需有宁静而强大的内心。心性澄明，静能生智，有一颗宁静的心，便拥有了幸福。这门慢调手工艺术就有这样神奇的魔力，它能让人用一种特殊的方式放松自己。美丽的印章一点点从手下诞生的同时，也让雕刻的人脱离喧嚣世间，坠入美妙的平静。如果一个人能够专情于一项技艺，与技艺融为一体，那么他就是世界上最幸福快乐的人。

我从小就很喜欢美术，尤其我国的传统美术，儿时便开始画画和剪纸。在读大学的时候我学会了篆刻，在很偶然地接触了橡皮章后，便一发不可收拾地爱上了它。这项技艺给我的生活添了很多乐趣。我希望通过这本书把它分享给大家，希望能给更多的朋友带来快乐。

本书主要针对喜欢橡皮章和没有雕刻基础的读者朋友，先介绍橡皮章和雕刻刀具等的使用方法和雕刻技法，以清晰照片图、线条图两种形式相互辅助讲解，助你轻松入门：从让你小试牛刀的吉祥文字章、活力植物章、萌动物章、美味食物章、从写实到表达、传统韵味六大方面，到提升技法的花式留白、阴阳混刻连续图案、套色篆刻、火漆蜡封、浮粉法，共35个作品，帮你循序渐进地练就熟练刀法。本书中还有一些我平日里刻章时积累的小经验分享给大家，希望能对想玩橡皮章的你有所帮助。

谢谢你翻阅这本书，希望你能爱上橡皮章，爱上慢调手工生活。

赵晨曦

目录

材料 第一章 工具

材 料

橡皮砖

专门为手工雕刻橡皮章而生产的橡皮多为块状，因此被人们称为"橡皮砖"。它在本质上与普通橡皮是一样的，只是硬度略有不同，适于雕刻。

橡皮砖形状和尺寸多样，有不同尺寸的圆形、方形、柱形等，比较常见的是 10cm×15cm 的长方形橡皮砖。如果想雕刻面积较大的图案，最大可以买到 A4 纸大小的橡皮砖。

在刚兴起橡皮章的时候，橡皮砖的颜色以白色居多。现在，橡皮砖的颜色已经变得色彩缤纷了。不但有了各种纯色橡皮砖，还有两色夹心、三色夹心等夹心橡皮砖。我们常用的橡皮砖多为国产的，在一些网上店铺和实体店里可以买到出口日本的橡皮砖。出口日本的果冻橡皮砖是很惹人爱的哟!

普通橡皮砖和夹心橡皮砖

可揭橡皮砖

果冻橡皮砖

工具

雕刻刀

（1）笔刀

笔刀全名"笔式美工刀"，刀杆和笔杆相似，有多种不同角度的刀片。最常见的是刀尖呈30°的笔刀，我国台湾的九洋（9Sea）和日本的爱丽华（OLFA）都是很受欢迎的品牌。笔刀是雕刻时最常用的工具，如果使用的技术纯熟，便可以"一把刀走天下"。

认识雕刻工具

（2）美工刀

美工刀也常被称为"裁纸刀"，因为它经常被用来裁纸。在雕刻橡皮章时，主要用它切割橡皮砖。美工刀也分不同型号，在橡皮章的雕刻中，使用小号的美工刀即可。

（3）丸刀

丸刀也叫圆刀，刀口呈"U"形。因为刀口大小有所不同，丸刀又被分为不同的型号，比较常见的有大丸刀和小丸刀。还有一种日本产的木质手柄的小号丸刀，在清理细小面积的时候比较好用。不过一般的入门级雕刻用大丸刀和小丸刀就可以完成。

丸刀主要用来去除不需要的留白部分。用笔刀挖留白相对吃力，用丸刀就会很省力气。

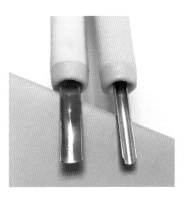

（4）三角刀

三角刀刀口呈"V"形。因为刀口大小有所不同，三角刀也被分为不同的型号，比较常见的有大三角刀和小三角刀。三角刀除了用来挖留白还可以直接用来刻章。此外，通过控制入刀的角度和力度，三角刀可以刻出粗细不同的线条，制造版画的肌理效果。

（5）印刀

印刀的功能与笔刀相似。笔刀刀片薄，走刀更方便，用笔刀的橡皮章玩家比较多。曲印刀的刀头部分有一个弯曲的转折，能更好地将留白处理平整。

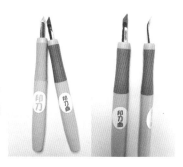

铅笔

绘制橡皮章图案使用的笔就是一般的木质铅笔或自动铅笔。铅笔选择 HB~2B 都可以。"H"以上的铅笔硬度较高，颜色较轻，不容易转印清楚图案；2B 以上的铅笔黑度偏高，容易弄脏橡皮砖。

硫酸纸

硫酸纸是一种透明度较高且不容易破的半透明纸。其克数不同，薄厚也会不同，一般常用 70~75g 的。

切割垫板

切割垫板用于在切割时保护桌面不被划坏。其按尺寸分为不同的型号，一般常用的尺寸为 A3、A4、B5，根据自己的需要购买即可。

小镊子

小镊子方便取出橡皮章缝隙里的碎屑，一般用手指拿不到的碎屑都可以借助小镊子取出。直头和弯头的都可以，只要是尖尖的就行。

小刷子

小刷子可以用来清除粉渣，和小镊子的功效差不多。但是非常细小的粉末状橡皮渣用小刷子来清理会更方便。如果没有尼龙刷，也可以使用牙刷代替。

印泥

印泥按照质地可以分为水性的和油性的。所有的印泥都是可以印到纸张上的，有的还可以印到布料、木材、陶瓷等上面，还有专门用来配合浮雕粉使用的具有黏性的印泥。

印泥按颜色分，可以分为单色的和渐变色的。印泥的颜色很多，还有金色和银色等特殊颜色可以选择。日本的"月亮猫"牌和韩国的"梵妮"牌印泥比较常用。

橡皮章清洗剂

转印图案后的橡皮章和上完色的橡皮章都会附着颜色，需要清理干净后使用或保存。一般情况下用水是无法清理干净的，最好用专用的橡皮章清洗剂。在清洗的时候用化妆棉蘸取少量的清洗剂轻轻擦拭橡皮章表面即可。

转印液

转印液用于打印图案的转印工作。如果觉得硫酸纸转印法麻烦，可以尝试用转印液直接把图案转印到橡皮砖上。但是一般情况下，转印液都有轻微的味道和腐蚀性，如果介意的话，最好还是使用硫酸纸转印法。

热风枪

热风枪主要用于加热，尤其是在制作浮雕粉橡皮章的时候，它是必不可少的工具，通过它吹出的高温热风来加热熔化浮雕粉。因为加热过程中枪口温度较高，所以一定注意不要离身体过近，最好使用镊子夹住要加热的部分来防止烫伤。

手柄

手柄也叫底座或者把手，与橡皮章底部黏合以增加厚度，方便拿取和盖印。当然，加上手柄的橡皮章颜值也会大大提升。

一般手柄分为普通木质和软木（如同酒瓶塞）两种。普通木质的手柄可以直接买到，但是尺寸相对固定；软木的手柄需要自己买一块软木回来裁切成合适的尺寸。手柄不是必备品，大家可以根据需要使用。

安全小贴士

在刻橡皮章的过程中，会用到各种刀具。刀具都比较锋利，尤其是笔刀，放不稳容易在桌面上滚动或从桌面掉落，为了避免受伤或者破坏刀尖，请随时盖好配套的笔帽。此外，在人多的场合和有小朋友出现的情况下，更要注意刀具的使用安全。

基本 第二章 技法

转印法

硫酸纸转印法

使用硫酸纸转印法转印图案时，需要准备好图案纹样、橡皮砖、铅笔、硫酸纸和刮片。

1 首先，把硫酸纸平铺在底稿上，仔细描摹图案。

 注意 描摹的过程中要确保硫酸纸不移动；建议用 2B 铅笔。

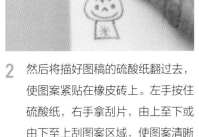

2 然后将描好图稿的硫酸纸翻过去，使图案紧贴在橡皮砖上。左手按住硫酸纸，右手拿刮片，由上至下或由下至上刮图案区域，使图案清晰地转印到橡皮砖上。

3 小心揭开硫酸纸，检查一下图案是否清晰完整。如果有细节没有转印清楚，可以用铅笔在橡皮砖上补充完整。

 经验分享 为了得到较好的转印效果，建议刮完图案后不要马上揭掉硫酸纸。固定图案的手保持不动，另一只手把硫酸纸揭起来，看一下是否有漏掉的线条和不清晰的地方。如果有上述现象，应把硫酸纸轻轻放下，进行补刮。如果这样处理仍得不到理想效果，可用铅笔直接在橡皮砖上补充。

转印液转印法

使用转印液转印图案时，需要准备打印好的图案纹样、转印液、橡皮砖和刮片。相对于硫酸纸转印法，转印液转印法更加快速，尤其转印复杂图案和面积大的图案时，这一优势十分明显。但是它也有弊端：操作时不好掌控转印的完整性，转印液还有轻微的腐蚀性，后期的清理也较硫酸纸转印法有难度。

1 首先准备好转印液、打印好的图案、橡皮砖和刮片。因为转印液有轻微的腐蚀性，所以最好使用垫板，避免转印液流到桌面上。

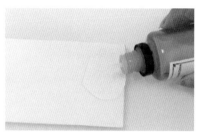

2 将图案翻过去放在橡皮砖上，在图案区域滴上转印液。

3 迅速用刮片由上至下或由下至上排刮图案区域，使图案清晰地转印到橡皮砖上。

4 刮好图案后，不要着急挪开图案纸，这时从一个方向小心揭开，同时查看转印的图案是否完整。

小贴士

如果转印出来的图案不完整或不清晰，可以把未完全揭开的图案纸原位放回，再次在没转印好的细节处滴上转印液，重新刮图案。整个过程中，按压图案纸的手始终保持不动，以免使图案移位。待图案转印好后，方可完全揭下图案纸。

雕刻入门

基本刀法

笔刀（以挖"V"形凹槽为例）

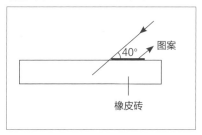

橡皮砖

笔刀的
用法

三角刀的
用法

1 使用笔刀时，入刀要倾斜一定角度。刀刃向外，也就是刀刃在背向自己的一侧，这样切割过程中才不易伤到自己。

经验
分享

在刀的推进过程中，最好能做到刀尖不离开橡皮砖。

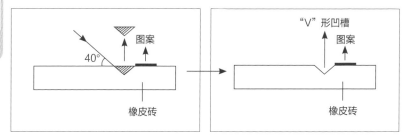

2 切割好一侧后，再切割其对侧。此时的下刀角度应与之前的相同，且使刀尖伸到之前的刀尖所及之处。这样就可以挖出横切面为"V"形的凹槽了。

三角刀

1 在使用三角刀刻章时，要保持刀身稳定，不要歪斜或者扭动，从而影响雕刻效果。

2 大三角刀可以刻出较粗的线条，小三角刀则能刻出非常细的线条。

3 小三角刀还可以表现细雨蒙蒙的效果以及动物皮毛效果。

丸刀

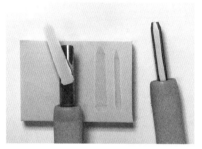

1 图中左侧为大丸刀，右侧为小丸刀。一般多用丸刀挖除不需要的留白部分。在使用时一刀挨着一刀地推刀，刻出来的图案会更加美观平整。

2 小丸刀一般处理面积较小的留白。

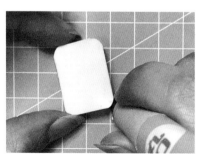

3 大丸刀则用来处理面积较大的留白。

4 橡皮章的圆角效果也可以借助大丸刀来完成。

阴刻法与阳刻法

阴刻法与阳刻法是中国传统篆刻中的两种基本雕刻方法。阴刻法就是将书写的文字笔画刻去，阳刻法则是把文字笔画留住，将其余部分刻去。若使用红色印泥，阳刻的印章为朱文，即红字白底；阴刻的为白文，即红底白字。在橡皮章的雕刻中，阴刻法与阳刻法同样适用。

基本留白方法

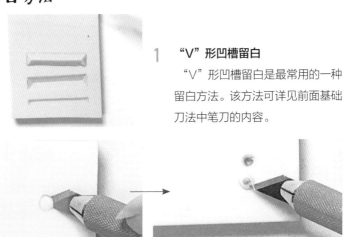

1 "V"形凹槽留白

"V"形凹槽留白是最常用的一种留白方法。该方法可详见前面基础刀法中笔刀的内容。

2 小圆形留白

处理面积较小的圆形留白时，一般使用笔刀。使笔刀倾斜切入橡皮砖，刀与橡皮砖间的角度约为40°。然后，左手转动橡皮砖，一边转一边刻，直到将圆形留白挖出。

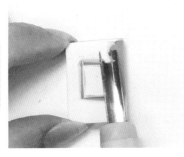

3 平留白

雕刻橡皮章时也经常用到平留白的方法，一般情况下使用丸刀来完成。使用这种方法去除外留白时，最好由内侧向外侧推刀，且每次下刀力度保持一致，这样才能使挖出的留白尽量平整。

印泥上色方法

用印泥给橡皮章上色是一个关键步骤。如果给橡皮章上单色，只需要用印泥轻拍橡皮章图案区域，做到上色均匀即可。如果用渐变色的印泥，上色的时候要注意一边拍打一边平行移动，这样才能保证不混色。

单色
印泥上色

渐变色
印泥上色

清洁
橡皮章

清洁和保存

清洁

用完橡皮章后，一定要及时清理，避免印泥的颜色给橡皮章染色。此外，及时清理也有助于延长橡皮章的使用寿命。做清洁时，用化妆棉蘸取少量的清洗剂轻轻擦拭橡皮章表面即可。

保存

橡皮章要存放在阴凉干燥的地方。装橡皮章的盒子一定不要用塑料盒，可以用纸盒、木盒、铁盒、陶瓷盒等。如果条件允许，用透明的小袋子分别封装最好不过了。

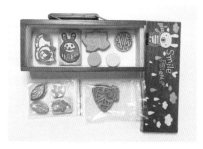

小试 第三章 牛刀

福字

寿字

吉祥如意篆

花式双喜

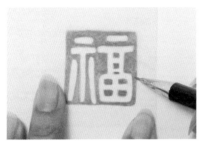

1　设计好福字图案，取一张硫酸纸（尺寸不小于图案的尺寸），在硫酸纸上拓印好图案。

2　把拓印好的图案翻过去，覆在橡皮砖上（橡皮砖的尺寸适中就好，不要过大）。

3　左手按稳硫酸纸，右手用刮片排刮图案区域，使图案清晰地转印到橡皮砖上。

4　小心地揭开硫酸纸，检查橡皮砖上的图案是否清晰完整，如果有细节没有印好，用铅笔在橡皮砖上补充即可。

5　接下来用阴刻的方法来完成这个作品。一手持笔刀，注意刀刃要向外，这样可避免刻的过程中划伤自己。下刀要有一定的倾斜角度，约为60°。

6　沿着需要刻掉的图案边缘倾斜入刀，保证每一刀的刀尖终点位置相交，从而挖出一个"V"形的凹槽，然后剔除"V"形部分。

7 按照同样方法挖去福字的第二个笔画。

8 调整一下橡皮砖的位置和方向，按照上面的方法继续刻掉与横相连的笔画。

 这两个笔画是相连的，所以在刻相交部分时，要干脆利索，不要刻得参差不齐。

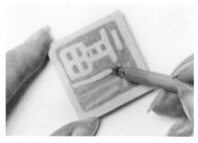 

9 用同样的刀法处理好福字部首的剩下部分和左侧上方的两个横。

10 调整橡皮砖的方向和位置，继续刻掉中间的细节部分。

 由于中间部分笔画密集，所以入刀时要注意刀尖不可插入得过深，不然容易破坏相邻笔画。

11 处理下方的田字区域时，可以先刻四周，再刻中间。

12 接下来刻掉福字的外留白部分，也就是福字印章的外边缘。外边缘部分没有细节，可以偷个懒，用大三角刀直接刻。右手持刀，使大三角刀与橡皮砖之间成30°角，向前推进，一边推进一边转动橡皮砖。

13 因为转印时橡皮上留有铅笔的颜色，所以在上印泥之前需要将其擦掉。取一小块化妆棉蘸取少量的橡皮章清除液，然后小心地擦掉铅笔颜色部分。

小技巧 这个小技巧会让橡皮章更加有仿石刻印章的效果。取出小丸刀，使其垂直于印章边缘，稍稍刮出一点儿打磨磕碰的痕迹，让边缘变得稍稍有些残缺。

14 印章完成后就可以上色了。左手拿住橡皮章，右手用印泥轻轻拍打其表面，直到均匀涂满颜色。

15 把涂好印泥的橡皮章在纸上轻轻按压（均匀用力）。

 经验分享 这样的方法不仅能清晰看到图案区域是否粘到了印泥，还能避免印泥沾染不必要的区域，从而达到最好的盖印效果。

 关于力度 橡皮砖有弹性，太过用力按压会让橡皮章走形，影响印制效果。

1 用硫酸纸将寿字纹图案转印到橡皮砖上。

2 用阳刻法来完成这个橡皮章的雕刻。使笔刀倾斜入刀，用挖"∨"形大凹槽的方法，挖掉图案中部两短一长的矩形区域。

 注意 在挖较长的图形时，连续走刀时前后两刀的衔接一定要连续，不要出现接痕。

3 寿字纹下半部分有一个不规则的留白区，可以将其分解处理。先挖掉最长的留白区，再挖掉短的矩形和弧形区域。（都采用笔刀倾斜入刀挖"∨"形凹槽的方法）

4 挖掉寿字纹上半部分的留白。（同样也是分解操作）

5 挖掉寿字纹中间部分左右两侧的小矩形外留白。

6 用同样的方法挖掉上下的小矩形外留白。

7 用大三角刀沿着寿字纹图案的边缘挖"V"形凹槽。

8 尽量倾斜丸刀，使丸刀与橡皮砖的夹角尽量小，小心地去除图案四周的大面积外留白。

9 如果觉得图案外部不美观或略显多余，也可以用美工刀切掉四周的外留白。

 经验分享　切外留白时，一定要垂直下刀。

1 取一张大小适中的硫酸纸，转印双喜图案。

2 然后用阳刻法来完成这个双喜印章。仍然采用倾斜入刀挖"V"形的方法，刻掉双喜字的口字部分。

3 因为"口"部分稍微做了一点变形设计，所以要小心刻掉口字的凹陷部分。

4 调整橡皮砖的角度，挖除两个喜字间的长方形区域。

5 继续雕刻两个喜字中间的"工"形留白区。初学者可以把"工"分解为两横一竖来处理。

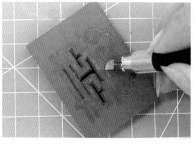

6 在两个喜字如意形图案的中间有一个接近三角形的区域，可以先把这个区域刻掉。雕刻时注意用刀的力度，使三边入刀与出刀处重合。

三角形的刻法

 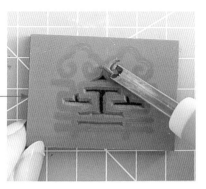

7 如意形图案中，各有两处圆弧形的区域。此区域面积较小，若用笔刀来完成，弧形可能不会很流畅。可以用大三角刀配合旋转橡皮砖的方法来处理，这样刻出来的效果比使用笔刀的效果自然。

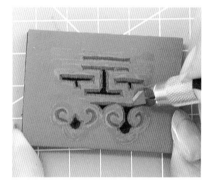 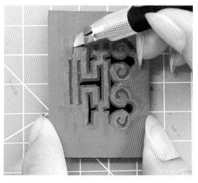

8 面积较大的部分用笔刀倾斜走刀，配合调整橡皮砖的角度来完成。

9 内部留白区雕刻完后，刻掉外部留白的一些细节。

10 接下来去除双喜字的大面积外留白区域。因为双喜字比福字复杂，所以不建议直接使用三角刀挖除外边缘。用笔刀沿着喜字周围挖出一圈"∨"形凹槽。

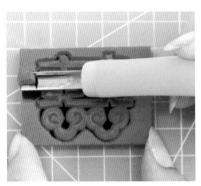 

11 用丸刀来去除大面积的外留白。刀要尽量倾斜，刀与橡皮砖的夹角越小越好。

12 用化妆棉蘸取少量的橡皮章清除液将橡皮章擦干净就可以了。

经验分享

- 用丸刀挖除大面积的外留白时，要尽量倾斜刀，刀与橡皮砖平面的夹角越小，挖出的平面越平整。在前一刀与后一刀衔接时要注意连续性（即一刀挨着一刀地挖），推刀时的力度要尽可能一致。
- 挖外留白时，由内向外推刀。向内推刀的话，可能会不小心弄坏刻好的图案。

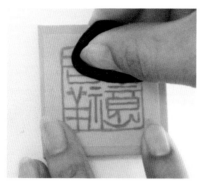

1 用面积适中的硫酸纸将图案转印到橡皮砖上。

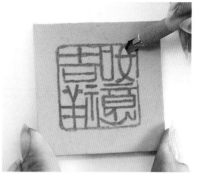

2 然后用阳刻法来完成这个橡皮章。倾斜入刀挖"V"形凹槽，配合旋转橡皮砖，连续转三次完成三角形区域的挖除。

3 相继挖除其他部分的小矩形区域。如字中间的三角区面积较大，所以下刀的深度应该略深一些。

4 继续挖除内留白区。

 注意　当遇到三边的内留白区需要挖除时，一定要注意调整笔刀的入刀深度。面积大时入刀深一些，反之则浅一些。

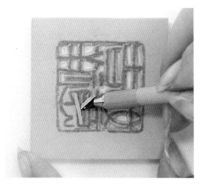 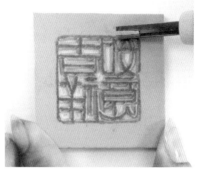

5 当笔画之间间隔很小时，下刀要仔细，入刀不宜过深。

6 用大三角刀来挖边框以外的"∨"形凹槽。

7 用丸刀来处理大面积的外留白。

8 刻完后，小心擦干净就可以啦！

 清理比较纤细的橡皮章时，擦拭幅度要小，力道要轻，避免损坏橡皮章上面积细小的区域。如果没有把握，可以用棉棒蘸取清除液小心擦拭。

活力植物章

幸福四叶草

浪漫樱花

一叶银杏

橡皮砖不仅有方形的，还有圆形的。圆形的橡皮砖一般是购买现成的，市售的橡皮砖大小相对比较固定，所以在设计图案时要注意与之匹配。方形橡皮砖就没有尺寸的限制，可以买小块的，也可以买大块的，再根据自己的需求来切。

1 用刮片把硫酸纸上的图案转移到圆形橡皮砖上。

2 这个幸福四叶草用阴刻法来完成。先倾斜入刀，挖除四叶草长的那根茎。茎是由粗变细的，用刀时注意，下刀力度和深度应递减。

3 每一枚叶片都是由近似水滴形组成的心形，刻弧形边缘时，要注意转动橡皮砖。相邻的两个近似水滴形不是完全连在一起的，在中间叶脉部分需要留出一条细细的空白。

4 用大三角刀尽量倾斜下刀刻好短的茎。

5 这个橡皮章无须去除外留白，刻好图案后擦干净即可。

1　用硫酸纸将樱花图案转印到圆形橡皮砖上。

2　用大三角刀挖去花心的圆环。配合转动橡皮砖才能将圆环刻得圆润。

3　继续用大三角刀刻好花蕊。

4　在花瓣周围沿着图案挖出一圈凹槽。

5　用笔刀挖"V"字形的凹槽，刻掉花瓣末端的细节。

6　用小丸刀倾斜入刀，挖掉面积较大的外留白。刻好后擦除橡皮章上的铅笔痕迹。

 注意　在拍打上色的时候要注意平移印泥，不可来回扭转。

7　尝试用渐变印泥来给樱花橡皮章上色。

浪漫樱花

圆环的刻法

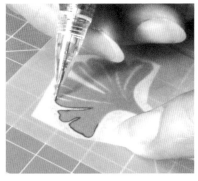

1　打印一片简单的银杏叶图案，按照图案大小准备好硫酸纸和橡皮砖。

2　把银杏图案放到硫酸纸下面，进行图案的描摹。

经验分享

● 为了防止移位，可以用透明胶在背面粘贴，稍加固定。

● 描摹图案的时候，可以先外后内，即先描好外边缘，再描轮廓内的区域。

3　图案描摹完毕后，将打印稿与硫酸纸分离，用刮片或者硬币将硫酸纸上的银杏图案转印到橡皮砖上。

4　转印工作完成后，拿起笔刀倾斜40°插入橡皮砖，沿着红色箭头指示方向雕刻。

5　银杏图案外边缘线条的曲折处较多，刻的时候不要着急，一刀接着一刀连续刻制，用手腕的力量推动刀尖稳稳地向前移动。

6　整圈轮廓刻好以后，转动橡皮砖，在第一刀切口的旁边 1mm 左右的位置，绿色箭头处，沿着箭头指示的方向下刀，笔刀依然保持 40°的倾斜角，开始刻第二道切口。

7　这两道切口完成后，挖出了横断面是"V"形的沟槽，用笔刀尖端轻轻挑起废料，用不拿刀的手将其取走。

8　一圈沟槽挖好后，用大三角刀刻制银杏叶上的纹理。

小贴士　此步骤也可以用大三角刀沿着银杏叶的边缘处直接推出一条沟槽。

经验分享　刻制纹理的时候，可通过调整大三角刀的下刀力度刻出叶脉的粗细变化。

9 待银杏叶图案刻好以后，用大丸刀以银杏叶边缘的挖槽处为起点，向外推刀，挖掉外留白。

这个橡皮章的留白面积比较大，用丸刀去除外留白时，要注意每刀之间的衔接，以及刀与刀之间的下刀力度要基本保持一致。这样当外留白去除后，橡皮砖的厚度会比较均匀。

银杏叶
教程

10 拿纸巾或者棉布蘸取清洗液轻轻擦除炭粉。

生命树

莲花

1 此作品采用阴刻的形式来表现。先
用笔刀倾斜入刀挖掉树叶。

2 刻树的枝条。树的枝条由多根组成，
可以分解来刻。

注意 树叶边缘呈弧形，雕刻时要注意线条流畅，而且下刀深度不要过浅，保证叶子
的雕刻一步到位。

3 树的主干部分下刀可以深一些。

4 细小的枝条可以借助大三角刀来
完成。

5 用大三角刀沿着弧形的外边缘挖
好凹槽。

圆角的设计使之刚柔相济，恰到好处。

6 用美工刀垂直于橡皮章切好边角。

建议垫上垫板。

1 转印好图案后，先用大三角刀倾斜入刀挖除细长区域的留白。

2 四边的线条形"V"形凹槽挖好以后，用笔刀来挖除图案中上下区域的细节留白。

 这个橡皮章比前面的福字橡皮章要大一些，当用丸刀挖其边缘较长距离的"V"形凹槽时，应时刻注意保持刀的倾斜角度，倾斜角变大会导致越挖越深。

3 莲花的莲蓬图案是由三个近似小矩形和一个椭圆形组成的，用笔刀把它们——挖除。

4 在莲花四周有一圈细的留白线条，用小三角刀来挖除。注意，每片花瓣的尖端要衔接完整。

 大三角刀一般适用于较粗的线或留白的挖除，小三角刀更合适表现细节和质感。如果是细线或丝毛等效果，建议用小三角刀来完成。

5 花瓣间有面积稍大的一些留白，也用小三角刀沿着图案边缘挖一圈凹槽，然后再用小丸刀小心地挖除这些留白。

6 图案最顶端的区域用笔刀挖除。注意，此处下刀深度应略深。

拍摄地点：中国式生活文化空间 惠量小院
摄影：韩梅

1 把兔子图案转印到橡皮砖上，用阳
刻法来完成这个作品。用挖"V"
形凹槽的方法刻掉两只耳朵中间的
留白。

2 用大三角刀配合旋转橡皮砖的方
法在小兔子的眼睛周围挖出一圈
凹槽。

> 这个区域较细，入刀的深度不宜太深。

3 沿着头部轮廓的内侧挖出凹槽。

4 用笔刀配合旋转橡皮砖挖掉兔尾巴
中间的留白。

5 用大三角刀沿着兔子身体轮廓的内
侧挖出凹槽。

6 尾巴的外侧也同样挖出一圈凹槽。

经验
分享
在图案周围挖"V"形凹槽，可
以避免挖掉大面积留白时伤及
图案。

7 用小丸刀挖掉兔子头部和身体部分
的留白。

8 兔子身旁的草丛中的空隙，用挖
"∨"形凹槽的方法刻掉。

9 在文字和草丛周围、圆的内边缘挖
出凹槽。

10 接下来可以用小丸刀挖掉图案内
部的大面积留白了。

11 用大三角刀沿着图案的外侧挖出
"∨"形凹槽。

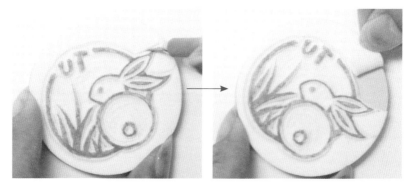

12 这个橡皮章使用的是可揭橡皮砖。可以直接在外留白区切一个揭口，将橡皮砖的上层揭开，慢慢撕掉。最后，把雕刻好的橡皮章清理干净就可以了。

> 在可揭橡皮砖上处理大面积留白时，无须一刀刀挖留白，只要切开一个揭口，慢慢撕开即可。

鸟

拍摄地点：中国式生活文化空间 惠量小院
摄影：韩梅

1　先把鸟图案转印到准备好的橡皮砖
　上，再用笔刀轻轻挖出它的小眼睛。

注意 在用笔刀挖圆的时候，要配合旋转
橡皮砖。

2　用笔刀挖掉小鸟胸部的羽毛。因为
　羽毛比较细小，所以挖的时候下刀
　要浅一些。

3　继续用挖"∨"形凹槽的方法挖除
　翅膀上的间隙。

4　倾斜深入刀，挖掉橄榄枝周围的外
　留白。

5　枝条顶端可以按照挖三角形区域的
　方式来处理。

注意 在挖除叶子旁边的外留白时，倾斜
入刀，刀尖向外，刀柄向内（刀柄
倒向橄榄枝一侧）。这样可以避免
纤细的枝条被损坏。

6 将橄榄枝周围的外留白挖完后，在鸟图案周围挖一圈"∨"形凹槽。

7 在此介绍一个新的留白方法——肌理效果的背景。用大三角刀尽量倾斜入刀，在图案周围的外留白区沿着一个方向平行地推出一条条竖线。

8 把刻好的橡皮章处理干净。准备一个渐变印泥，平移印泥给橡皮章上色。一只漂亮的小鸟印章就完成了！

● 用这个方法刻外留白时，可以由右至左，也可以由左至右，但是要注意纹理应相对均匀分布。

● 刀要浅入浅出，并控制下刀速度与力度，不要破坏了主题图案的完整性。

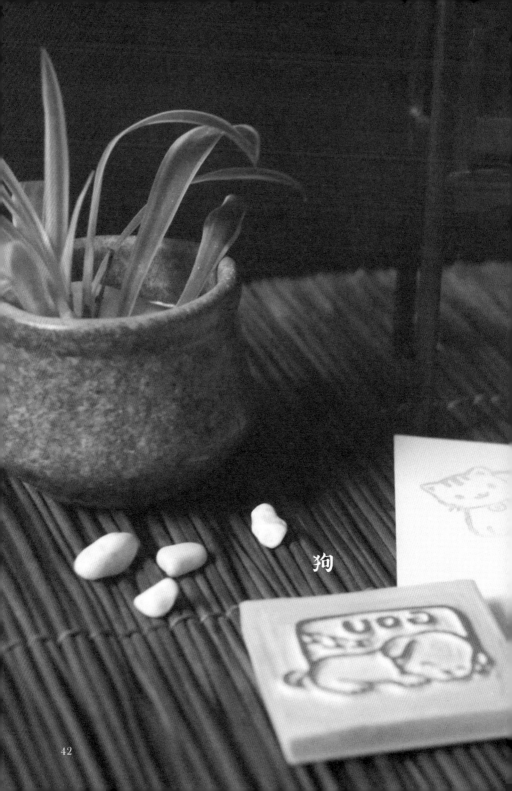

狗

猫

熊

1 转印好图案，用笔刀挖掉文字区、
小熊耳朵内部、嘴巴内部的留白。

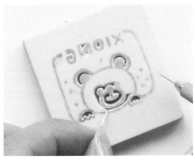

2 在眼睛与嘴外侧，用笔刀挖一圈
"∨"形凹槽。（下面区域很细，
入刀不要太深。）

3 在脸部轮廓内侧挖一圈凹槽。

4 用小丸刀挖掉头部内侧的大面积
留白。

5 在文字周边与图案框内侧也挖出凹
槽。图案内圆点周围的凹槽用小三
角刀来完成。

6 小熊头部和整体图案外侧，用笔刀
挖出一圈"∨"形凹槽。

7 用小丸刀挖掉图案内部的大面积
留白，外部的留白用大丸刀处理。

8 用小三角刀把图案外部的留白区
做出肌理效果。

9 将橡皮砖放到垫板上，用大丸刀
垂直下刀，把四个角切成圆角。
美美的小熊印章就完成啦！

1 这个小猫橡皮章用阳刻法来完成。把图案转印到橡皮砖上，用笔刀倾斜入刀，刻掉尾巴和文字内部的留白。

2 用笔刀轻轻入刀配合旋转橡皮章，挖掉小猫铃铛内的留白。

3 在小猫眼睛、嘴巴周围用大三角刀挖出凹槽。

4 在小猫头部内侧挖一圈凹槽。胡须、耳朵和头部花纹的细节处要用笔刀来完成。

5 小猫身体与尾巴之间的留白处用笔刀挖掉，可以用挖三角形留白的方法来操作。

6 在小猫的身体内部有较大面积的留白需要挖掉。但是腿部的细节比较多，可以先用笔刀处理好这部分。

7 然后在身体轮廓内侧用大三角刀挖凹槽。

8 用小丸刀挖掉身体和头部的大面积留白。

9 在小猫旁边的区域中，有几处圆形和三角形图案，用大三角刀在图案周围挖好凹槽。

10 用笔刀沿着猫尾巴图案外侧挖好"V"形凹槽。

11 用小丸刀挖掉图案中的大面积留白。

12 将内部处理好以后，用大三角刀沿着图案外侧挖一圈凹槽。

13 挖到细节处（如胡须周围拐角比较多）时，用笔刀来处理。

14 继续用大三角刀挖凹槽。

15 用大丸刀挖掉图案外部的大面积留白，可爱的小猫印章就完成啦！喵喵！

1 这个橡皮章用阳刻法来完成。把图案转印到橡皮砖上，用笔刀挖掉文字和小狗尾巴里面的留白。

2 小狗爪子内部的留白，也需要用笔刀小心挖掉。

3 挖掉小狗外侧耳朵的水滴形留白。

4 用大三角刀沿着图案内侧和文字周围挖一圈凹槽。

5 用小丸刀挖掉图案内部的大面积留白，再用大三角刀沿着图案外侧挖一圈凹槽。

6 图案外部的大面积留白用大丸刀挖掉，小狗橡皮章雕刻完毕。

糕点

拍摄地点：中国式生活文化空间 惠量小院
摄影：韩梅

1 转印好图案后，依次挖掉糕点托图案中的平行留白。

2 糕点托的边缘处是一排波浪纹，在其外侧用笔刀依次挖掉三角形的留白。

3 用笔刀挖掉糕点图案中的长水滴形留白。

4 依次挖掉糕点图案中的留白，然后在其外侧挖出凹槽。

5 樱桃上的小高光用笔刀配合旋转橡皮砖来完成。

6 在图案外侧挖好凹槽。

7 用大丸刀挖掉图案外部的大面积留白，然后再垂直下刀把橡皮章四角切成圆角。美味糕点橡皮章雕刻完成！

香蕉　　　　橙子

1 这个香蕉橡皮章采用阴刻法来完成。转印图案后，用大三角刀沿着香蕉的线条力道均匀地推刀，挖出一条粗细均匀的凹槽。

2 当推刀至线与线相交处时，停止推刀，用笔刀切断废料。

3 然后另起一处，用大三角刀继续挖。

4 挖掉前面香蕉的最后一根线条。用同样的方法刻制另一个香蕉。最后，用渐变色的印泥平行拍打，给橡皮章上色就可以啦！

1 还是用阴刻法来完成这个橡皮章的制作。转印好图案后，用笔刀切掉叶片的留白。

2 接着用笔刀挖掉橙子柄。

3 用同样的方法挖掉橙子的轮廓线条。

4 切开的半个橙子的横切面由一个个水滴形环绕组成，用笔刀依次将其挖掉。

5 用大三角刀沿着横切面轮廓推出一圈凹槽。

6 在上一步完成的凹槽旁用笔刀再挖出一个弧形区域。

7 在橙子内部还有一些大小不一的点状图案，可以借助图钉来完成。用图钉垂直刺入圆点，较大的圆点刺深一些，较小的圆点刺浅一些。

8 擦干净橡皮章表面。如果想要橡皮章的边角呈弧度较大的弧形，可以先用铅笔画一下，再用美工刀切出来。（记得垫上垫板哟）

 对于小面积的圆点，用笔刀挖会比较困难，可以借助图钉来完成。

美味食物章

葡萄

拍摄地点：中国式生活文化空间 惠量小院
摄影：韩梅

1 把图案转印到橡皮砖上后，依次用笔刀配合旋转橡皮砖，挖除葡萄果实上面的高光点。

2 用笔刀挖除葡萄柄。

 小贴士 因为葡萄的高光点并不是特别小，所以此处可以用笔刀来完成。图钉刺入的方法适用于面积更小的留白。

3 用大三角刀沿着葡萄果实的轮廓线挖出线条。同样注意线与线相交处需停止推刀，用笔刀切断废料。

4 这个橡皮章采用的是阴刻法，叶片需要挖成留白区，此时叶脉需要做保留处理。所以，用大三角刀沿着叶脉挖一圈凹槽。

5 再沿着叶子轮廓内侧挖一圈凹槽。

6 然后用小丸刀挖掉叶子中需要去掉的留白，葡萄橡皮章就雕刻好了。

樱桃

1 把硫酸纸上的樱桃图案转印到橡皮砖上。用笔刀挖掉高光小矩形。

2 用笔刀继续挖除叶片上的叶脉。

3 在两颗樱桃中间有一个弧形的留白区，用笔刀将其挖掉。

4 用同样的方法处理好叶子与樱桃柄之间的留白。

5 在两颗樱桃中间是需要挖掉的留白区域，还是先沿着图案内边缘挖一圈凹槽。

6 图案外部也做同样的处理。

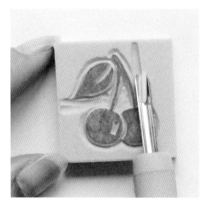

7 用小丸刀挖掉两个樱桃柄中间的留白。

8 接下来挖掉图案外部的大面积留白。把橡皮章表面清理干净，诱人的樱桃橡皮章就完成啦！

从写实到表达

钥匙

拍摄地点： 中国式生活文化空间　惠量小院
摄影： 韩梅

62

1　转印好图案后，用笔刀挖掉钥匙柄上的水滴形留白。

2　在钥匙图案上还有若干个小圆点，用笔刀配合转动橡皮砖来完成。

3　中间的两处线性留白，用笔刀来处理。

4　在钥匙头部区域内侧，先用笔刀挖出凹槽，再用小丸刀挖掉留白。

5　处理好内部图案以后，用笔刀沿着图案外边缘挖一圈凹槽。

6　在钥匙的齿间有两处小矩形的留白，需要小心地挖。

7 然后继续处理图案周围的凹槽。

8 用大丸刀挖掉图案外部的大面积留白。

小贴士　因为这个橡皮章外轮廓的细节比较多，所以建议用笔刀而不是三角刀来挖外圈的凹槽。

9 把橡皮章放到垫板上，用大丸刀垂直下刀，将四角切成圆角。

小汽车

1 车灯处是一个小圆形的留白，用笔刀配合转动橡皮砖来完成雕刻。

2 车轮中间的图案由一圈环绕的三角形组成，可以用笔刀逐一挖掉。

3 继续挖车窗上的反光细节，走刀时注意力度，千万不要破坏掉高光图案。

4 车窗与车顶之间有一段弧形的留白，用笔刀挖出带弧度的凹槽。

5 继续挖出车身内部图案周围的凹槽。

6 待车身内部的凹槽挖好以后，用小丸刀挖掉中间的大面积留白。

7 接下来沿着小汽车图案的外边缘，挖一圈凹槽。

8 图案处理好以后，汽车外部大面积的留白区，可以用小三角刀推出丝状肌理效果的背景。清理好橡皮章后，就可以上色盖印啦！

茶具

磨坊

从写实到表达

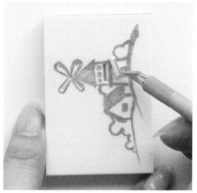

1 在磨坊顶部有一个风车，首先用笔
刀刻掉风车图案中的水滴形留白。

2 继续雕刻出磨坊的小窗户。

小贴士 像这个磨坊这样细节较多的图案，容易发生转印不完整的情况，建议用铅笔在
橡皮砖上进行补充。

3 下部的拱门造型可以分解处理。
先挖掉棱角分明的矩形留白，再
处理弧形留白。

4 用挖圆形的方法继续刻掉树木部
分的留白。

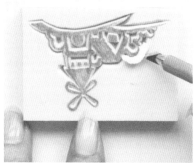

5　然后依次处理好旁边的矮屋和周围的树木。

6　内部图案刻好以后，沿着图案的外边缘挖一圈凹槽。

7　然后用大丸刀刻掉图案外面的大面积留白，这个磨坊橡皮章的雕刻部分就完成了。

1 把茶具图案转印到橡皮砖上，用小三角刀挖掉茶壶盖的细小留白。

2 茶杯中阴影周围也用同样的办法挖一圈凹槽。

3 在茶杯轮廓内侧挖一圈凹槽，杯托图案中的细小留白也用小三角刀一并挖掉。

4 茶壶轮廓内侧用小三角刀挖一圈凹槽。转折处可以借助笔刀切断废料。

5 茶杯手柄处的小留白用笔刀挖掉。

6 接着挖掉茶杯内部阴影处的高光。

7 挖掉茶壶盖里的留白。走刀的时候注意避让正中的圆形图案。

8 挖掉茶壶嘴里面的留白。

内留白
雕刻方法

9 茶壶和茶杯上都有心形图案，用小三角刀沿着心形周围挖凹槽。在转角很大时可以借助笔刀切断废料，调整方向后继续挖。

10 在茶壶手柄内侧也需要挖凹槽。

11 待图案内侧的凹槽都处理好以后，用小丸刀挖掉内留白。

12 茶壶上方飘着的热气由两条曲线组成，需要用小三角刀在曲线周围挖好凹槽，防止处理外留白时破坏曲线。

13　在整个图案的外侧挖一圈凹槽。

14　然后用丸刀挖掉图案周围的大面积外留白，飘着茶香的茶具橡皮章就刻好了。

拍摄地点：中国式生活文化空间 惠量小院
摄影：韩梅

花瓶

1 把花瓶图案转印到橡皮砖上。用
笔刀逐一挖掉花朵内部的留白。

2 在花瓶上的菱形图案周围，挖掉
三角形的留白。

 为了有更好的效果，可以在创作的过程中添加新意。若觉得图案不够丰富，
可以在接下来的雕刻过程中添加一些元素，如给菱形上方添加两条装饰线
（见第3步图）。

3 在新添加好的装饰线上方的花瓶
内侧挖一圈凹槽。

4 用小丸刀挖掉多余的留白。

5 同样在菱形下方也添加一条装饰线，与上面的呼应。

6 在花瓶手柄内部用笔刀挖一圈凹槽，并用小丸刀把内部不需要的留白清理干净。

7 刻好图案内部以后，用笔刀在图案外侧挖一圈凹槽。叶与花朵的细节处，需要小心处理。

8 用大丸刀挖掉图案外部的大面积留白。

从写实到表达

品味咖啡

　　拍摄地点：中国式生活文化空间　惠量小院　　**摄影：**韩梅

1　小叶子中间的柳叶形留白用笔刀挖掉。

2　挖掉咖啡杯中间咖啡豆的留白。

3　在咖啡升起的热气中间有一条S形的细小留白，用笔刀将其挖掉。

4　接下来在咖啡杯图案外部挖一圈凹槽。

5　继续处理叶片与叶片之间的留白。

6　植物内侧呈较为平滑的弧形，此处的凹槽可以借助小三角刀完成。

7　然后用丸刀挖掉图案外大面积的留白，切好圆角，再擦干净就可以啦！

从写实到表达

拍摄地点：中国式生活文化空间 惠量小院
摄影：韩梅

海洋味道

1　先转印图案，然后从小浪花开始雕刻。用笔刀挖留白区。

2　接着用笔刀挖掉海螺中部的留白。

经验分享　浪花图案可分解成细长的条带和近似圆形两部分。在雕刻时可以按这两个形状来刻，这样走刀会更容易一些。

3　用小丸刀挖掉不需要的留白。

4　用笔刀继续挖掉海螺上半部分的留白，海螺图案基本处理完毕。

5　海星身上是大面积的留白，但是在留白区中有若干圆形的小花纹，需要在圆周围挖凹槽。

6　处理好圆形图案之后，沿着海星轮廓内侧挖一圈凹槽，然后用小丸刀挖掉不需要的部分。

搓衣板纹
路的刻法

7 沿着图案的外边缘整齐地挖出一圈凹槽。

8 清理一下橡皮章。这样既可以避免后续的操作弄脏橡皮章，也可以更清晰准确地看清线条。

9 给清理好的橡皮章画一些等间距的平行线，每两条线的间隔约为0.5cm。

10 拿笔刀沿着画好的直线切入。注意笔刀应与橡皮砖成45°夹角，并且保持这个夹角不变，匀速由上至下推刀。

11 所有的平行线雕刻完毕后，把橡皮章旋转180°，然后再按上一步的方法刻一遍。只要走刀够直，此时便可发现"搓衣板"效果的海浪纹出现了。

12 刻好所有的平行线，小印章就刻好了。把橡皮章再次仔细清洁，用蓝色渐变的印泥平行上色，带着清爽海洋风的橡皮章就完美了！

盘长结

中国福娃

盘长结又称吉祥结，绳结连续不断，没有开头和结尾，含有长久永恒之意。

1 用大小适中的硫酸纸转印图案。

2 用笔刀倾斜入刀雕刻。此处为一个小圆形区域，雕刻时可以配合左手转动橡皮砖来完成。

3 此处为盘长结的转折处，先用笔刀配合转动橡皮砖挖弧形一侧。

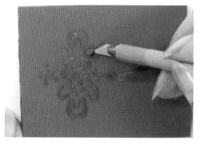

4 在直边处倾斜入刀，使刀尖与上一步入刀深度一致并且相交，挖除需要去掉的部分。用同样的办法处理其他几处相同形状的留白。

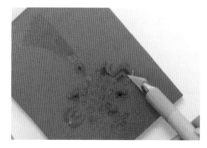

5 用笔刀挖"V"形凹槽的方法去掉盘长结两侧面积相对较大的弧形区域。

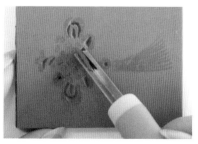

6 盘长结中间部分呈网格状，用大三角刀完成会更加方便快捷。

 注意 在挖除网格边缘小细节时，一定要注意用刀力度，不可力度过大。因为太用力会控制不好刀前进的距离，容易破坏图案的完整性。

7 盘长结弧形较多，可以用大三角刀配合转动橡皮章的方法挖除盘长结图案边缘的凹槽。

8 下面的流苏边缘也需要挖出一条凹槽。

9 每一条流苏之间有一些细小的留白，用小三角刀来处理，并尽量保持用刀力度一致。

10 将细节雕刻好后检查细节，如果没有问题，继续处理大面积的外留白。用丸刀尽量倾斜入刀，一刀挨着一刀地挖掉外留白。刻完后用清除液擦干净橡皮章。

1 画好一个可爱的中国福娃图案，用硫酸纸完成转印。

2 福娃辫子上的头绳是两个小矩形，用笔刀来挖。

经验分享 大面积的铅笔重色，在雕刻的过程中容易污染橡皮砖，并且也会给后期清理工作增加难度。所以，可以画得略轻一些，能看清且能顺利雕刻就可以。

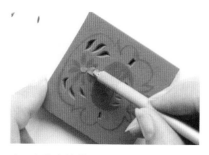

3 福娃的刘海上有一排柳叶形的留白，使用笔刀将其挖掉。接着用同样的方法挖掉身体部分的弯柳叶形花纹。

4 身体上的花朵花心位置是一个小小的圆形留白，用笔刀配合旋转橡皮砖将其挖掉。

5 花瓣是一圈柳叶形的留白，用笔刀逐一挖掉。

6 头顶小花的雕刻可以分解成多个花瓣来完成。

7 福娃面部的大部分区域是要挖掉的，所以要沿着图案的边缘，用小三角刀挖一圈凹槽。

8 在五官周围也同样挖一圈凹槽。

 因为嘴巴、眼睛周围都有一定的弧度，所以此处凹槽最好用笔刀来完成。

9 用小丸刀挖掉脸部图案内的留白后，用小三角刀沿着图案外边缘挖一圈凹槽。

10 在拐角比较多的细节处，需要用笔刀来刻。

11 用大丸刀挖掉图案外部的大面积留白，一个可爱的中国福娃橡皮章就雕刻好了。

荷香小筑

和风扇舞

1 用笔刀挖掉每一片花瓣中的留白。　　2 飘落的花瓣也用同样的方法处理。

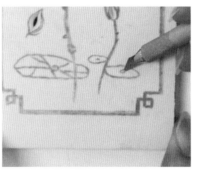

3 用笔刀配合转动橡皮砖挖掉荷叶正
中的小圆形。　　4 沿着荷花图案外部挖一圈凹槽。

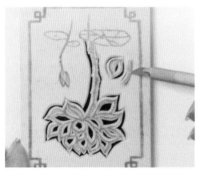

5 茎的边缘不是平滑的，走刀时应表
现出其凹凸的形态。　　6 飘落的花瓣周围也要挖一圈凹槽。

7 没有开放的小花苞及荷叶周围也按同样的方法挖凹槽。

8 在窗棂的内侧，同样用笔刀整齐地挖出一圈凹槽。

9 用丸刀小心地挖掉图案中的大面积留白。

10 处理好内部图案后，沿着窗棂外边缘同样挖一圈凹槽。

11 用大丸刀挖掉外部的大面积留白。

12 荷叶的几条叶脉需要用小三角刀逐一挖掉。

1 首先用笔刀挖掉前面扇面上的樱花图案。

2 接着依次挖掉后方扇面上的云朵图案。面积较大的区域可以用笔刀和小丸刀配合完成。

3 用小丸刀挖掉两个扇子间的细线状留白。

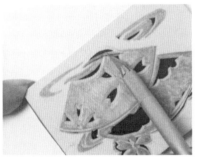

4 云纹之间的留白用笔刀挖掉。

5 将内部细节处理好后，在图案轮廓外侧挖一圈凹槽。

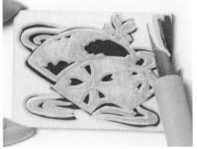

6 用大丸刀挖掉图案外侧的大面积留白。优雅的和风扇舞橡皮章就刻完了。

进阶 第四章 技法

花式留白

阴阳混刻连续图案

套色篆刻

火漆蜡封

浮粉法

1 用笔刀依次挖掉花环上的圆形和花朵中的留白。

2 用小三角刀沿着图案外缘，挖出一圈凹槽。花朵周围的转折处最好借助笔刀完成。

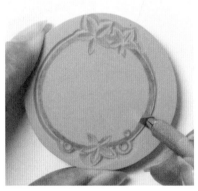

3 在图案内部，同样也挖出一圈凹槽。

4 用大丸刀挖掉图案内部和外部的大面积留白。

5 基本工作做好以后，用曲印刀小心修平内部留白区。

6 在内留白区画好花朵图案。最中间是一个等边三角形，在它周围有多个半圆形花瓣环绕。

7 用笔刀按照画好的图案挖掉留白。

8 将内部的花朵挖好以后，用曲印刀修平外留白区。这个橡皮章就刻好了。

1 画好叶片图案，先用硫酸纸拓印两个相同的叶片，再将其分别转印到两块橡皮砖上。

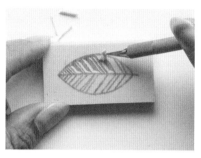

2 拿出其中一块橡皮砖，用阳刻法刻制。先用笔刀刻掉叶脉之间的留白。面积较大的部分刻得深一些，面积较小的部分刻得浅一些。

3 先在叶片外侧挖一圈凹槽，再将外部的留白挖掉，第一片叶子就基本处理好了。

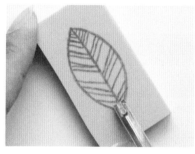

4 然后开始第二片叶子的刻制。这片叶子用阴刻法完成。用大三角刀沿着叶脉推直线，挖掉主脉。

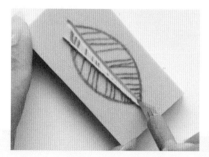

5 挖到主脉末端时可以借助笔刀切断废料。

6 继续用大三角刀挖掉叶片边缘线。

7 叶片的分支叶脉换小三角刀刻，这样可以挖出相对较细的线。

8 把刻好的两片叶子放到垫板上，用美工刀沿着叶片边缘切好。

9 将橡皮章都清理干净后，用深浅不同的两个绿色渐变印泥分别给两片叶子上色，并在卡片上分散印开。

套色橡皮章，可以是两种或两种以上的颜色，印出来的效果与我国的木版年画差不多。

1　先画出小狮子，再用硫酸纸拓印两个一模一样的图案，然后将其分别转印到两块橡皮砖上。

2　拿出其中一块橡皮砖，用阳刻法来完成这块橡皮章的雕刻。在眼睛周围用笔刀挖一圈凹槽。

为了更好地区分两块橡皮砖，可以选择两个不同颜色的。

3　在鼻子和嘴巴周围用同样方法挖一圈凹槽。

4　用小三角刀挖掉耳朵中的圆圈状留白。

5　在脸部轮廓内侧挖一圈凹槽。

6　用小丸刀把脸部内侧的大面积留白挖掉。（注意不要破坏五官）

7 用笔刀依次挖掉狮子鬃毛间的留白。

8 沿着鬃毛的外边缘，用大三角刀挖出一圈凹槽。

9 拿出垫板，把刻好的第一块"小狮子"沿着鬃毛外缘切成圆形。

10 然后开始第二块橡皮章的雕刻。先完全挖掉耳朵中的部分。

11 用大三角刀在脸部轮廓内侧挖一圈凹槽。

12 用大丸刀将脸部内的所有部分都挖掉。

13 沿着鬃毛的外缘，用大三角刀挖出一圈凹槽。

14 把刻好的第二块"小狮子"也沿着鬃毛外缘切成圆形。这时，两块不同的"小狮子"就雕刻好了。

15 拿出刚刻好的第二块橡皮章清理干净，用浅咖啡色的渐变印泥给其上色。

16 然后拿出清理好的第一块橡皮章，于侧面在两耳及其正中位置做好记号（可使套印位置更准确）。

 上色时转圈拍打印泥，这样可以使印出来的颜色形成自然的过渡效果。

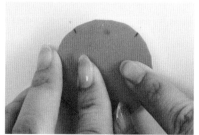

17 用深咖啡色印泥给橡皮章上色。

18 对准位置，盖印！

1 画好一枚小信封图案，将图案转印到橡皮砖上。先用笔刀挖掉图案中间的心形。

2 然后用大三角刀刻信封图案的边缘线条。

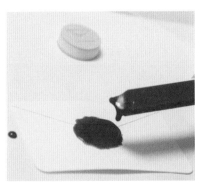

3 找来一个信封或者卡片，点上火漆蜡，将熔化的蜡滴到要盖印的位置。

滴蜡的面积不宜过大，和橡皮章的大小差不多即可。

4 将刻好的橡皮章清理干净，在蜡干之前将其盖上去。

5 稍微按压一会儿，待蜡冷却后将橡皮章拿开。

1 用笔刀依次挖掉花瓣的内留白。

2 然后挖掉外圈留白。

3 在莲花外侧挖凹槽。因为花瓣有一定的弧度变化，所以建议用笔刀来雕刻。

4 用大丸刀挖掉图案外部的大面积留白，这个橡皮章就刻好了。将其清理干净备用。

5 准备好浮粉法所需要的工具：卡纸书签、油性印泥、红色浮粉、热风枪。

小提示
● 热风枪工作时温度很高，请注意安全。
● 家用吹风机温度较低，无法替代热风枪。

6 用油性印泥给橡皮章拍打上色。

注意
上色一定要均匀，以便上浮粉时更均匀。

7 在卡纸书签上盖印。

8 打开装浮粉的瓶子，去除盖子内侧的挡板再将盖子扣好。

9 用红色浮粉将印好的纹样完全盖住。

10 稍微倾斜书签，没有粘住的浮粉就会滑开。

 滑掉的浮粉收集起来，可以再次使用。

11 用镊子夹住书签一角，在书签下面用热风枪加热，使浮粉慢慢熔化。

12 待浮粉完全熔化后，关掉热风枪，使书签自然冷却，就大功告成了。

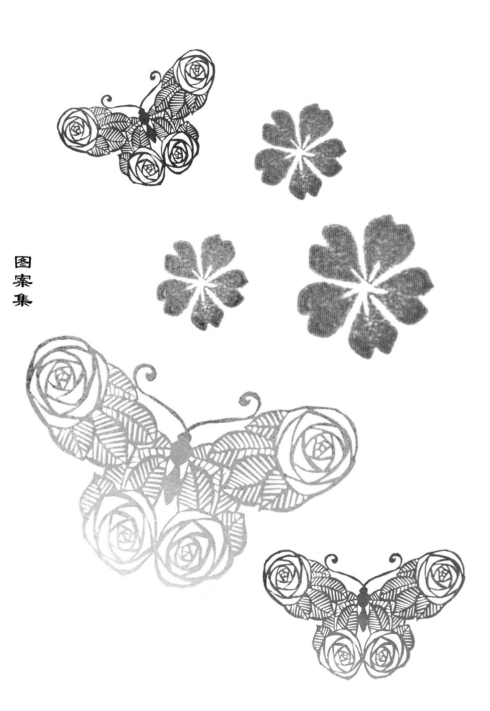

图案集

图案集

110

鹿教程

图案集

图案集

图
案
集

福字

寿字

花式双喜

吉祥如意篆

幸福四叶草

浪漫樱花

一叶银杏   生命树

莲花   兔

鸟   熊

图案集

猫　　　　　　　　狗

糕点　　　　　　　香蕉

橙子　　　　　　　葡萄

樱桃

钥匙

小汽车

磨坊

茶具

花瓶

品味咖啡

海洋味道

盘长结

荷香小筑

中国福娃

和风扇舞

花式留白

套色篆刻

火漆蜡封

阴阳混刻连续图案

浮粉法

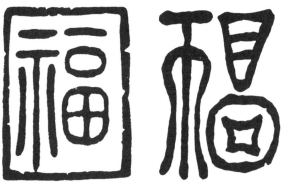

图案集

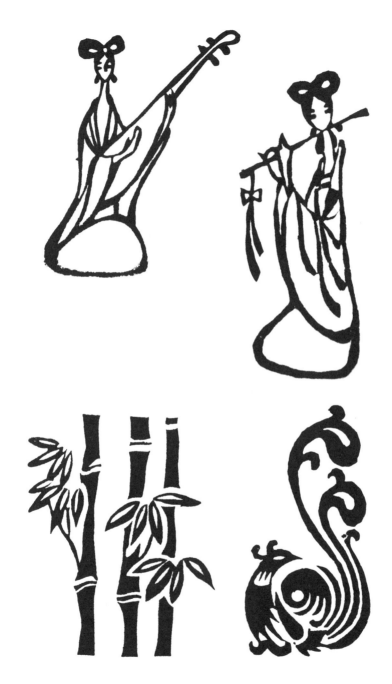

图案集